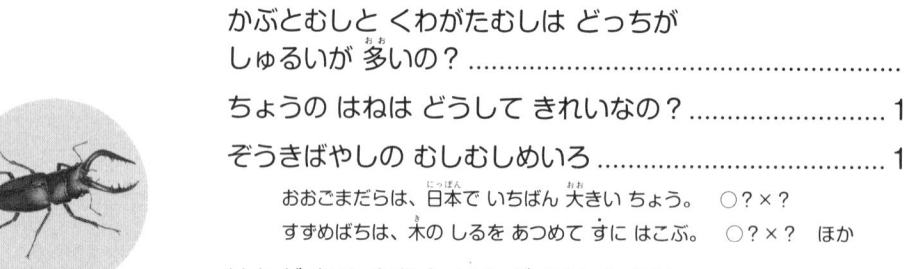

もくじ

- かぶとむしと くわがたむしは どっちが 強いの？ 2
- かぶとむしと くわがたむしは どっちが
  しゅるいが 多いの？ 8
- ちょうの はねは どうして きれいなの？ 12
- ぞうきばやしの むしむしめいろ 16
  - おおごまだらは、日本で いちばん 大きい ちょう。 ○？×？
  - すずめばちは、木の しるを あつめて すに はこぶ。 ○？×？ ほか

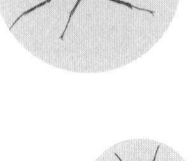

- はねが ある ありと はねが ない ありは
  どう ちがうの？ 18

- みつばちは どうして みつを あつめるの？ 22
- すずめばちの すは 何で できているの？ 22
- むしむしかくれんぼクイズ 26
- ほたるは どうして 光るの？ 28
- げんごろうは どうして 長く もぐっていられるの？ 32
- あめんぼは どうして 水の 上を 歩けるの？ 32
- むしむしナンバーワンクイズ 36
  - いちばん 大きな ちょうは はねを 広げると どれくらい？
  - いちばん はやく とべる 虫は だれ？ ほか

- おとしぶみは どうして はっぱを 丸めるの？ 38
- なみてんとうは 何を 食べるの？ 38
- あぶと はちは どこが ちがうの？ 42
- ありじごくは だれが 作るの？ 42
- むしむし親子さがしクイズ 46

- せみは どうして 大きな 声で 鳴くの？ 48

- とんぼの 目は どうして 大きいの？ 52
- あかとんぼは どうして 秋に たくさん いるの？ 52
- おんぶばったは どうして おんぶを しているの？ 56
- かまきりの 目は どうして 色が かわるの？ 60
- だんごむしは どうして 丸くなるの？ 60

この本の子ども向きの文字表記は、原則として、小学校２年生までの漢字を使用し、すべてにふり仮名をつけています。

答え① かぶとむしの 方が 強い。

かぶとむしと くわがたむしは、
どちらも 強い 虫だよ。
でも、体の 大きさが
同じくらいなら、かぶとむしが
かつ ことの 方が、多いんだ。
とくいわざが きまれば、
くわがたむしが かつ ことも あるよ。

わーっ、くわがたむしが なげとばされている。かぶとむしの かちだね。

のこぎりくわがたを なげとばす かぶとむし。▲

とくいわざが きまった 方が、しょうぶに かつぞ。
　かぶとむしの とくいわざは、大きな 角を つかった すくいなげ。
　くわがたむしの とくいわざは、大きな あごを つかった はさみなげじゃ。

かぶとむしの とくいわざ

あいての 体の 下に 角を さしこんで、えいっと なげとばすよ。

くわがたむしの とくいわざ

あいての 体を 大きな あごで はさんで、もちあげて なげとばすよ。

なつの むしむしクイズ 50 +1

監修／須田孫七（東京大学総合研究博物館）

「さあ、クイズの はじまり はじまり！」

むしむしはかせ　　テンテンくん

かぶとむしと くわがた どっちが 強いの？

「かぶとむしの ぶきは、りっぱな 角。くわがたむしの ぶきは、大きな あごなんじゃ。」

「答えを きめたら、まん中から ページを めくってみよう！」

おいしい 木の しるが 出ている くぬぎの 木で、かぶとむしと くわがたむしが であったよ。にらみあっているけれど、けんかを するのかな？

かぶとむしの 体の ひみつ

かぶとむしは、とても 力が 強いよ。
力の 強さの ひみつは、がんじょうな 体なんだ。
かぶとむしの 体を よく しらべてみよう。

手首に ある とげで ささえて、強い 力で 前に すすめる。

大きい 角は、上と 下に うごかす ことが できる。うごかない 小さい 角も つかって、てきを はさんで、もちあげられる。

大きい 角・小さい 角・目・口・しょっかく・前あし・前ばね・後ろばね・はら・中あし・後ろあし

土を ほる 時に じゃまに なるから、めすの 角は 小さいんじゃ。

めすは、前あしで 土を ほって、たまごを うむ。前あしの 手首が シャベルのように ひらたく なっている。

するどい つめを 木に ひっかけて、木に のぼれる。

前ばねを 広げ、後ろばねで はばたいて とぶ。

くわがたむしの 体の ひみつ

くわがたむしの 体にも、いろいろな ひみつが あるよ。
くわがたむしの 体を よく しらべて みよう。

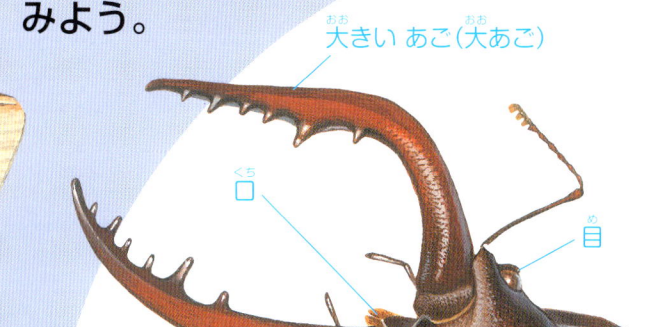

先が 長い しょっかくで、あまい しるが 出ている 木を、においで さがす。しるを なめやすいように 口を 長く つき出せる。

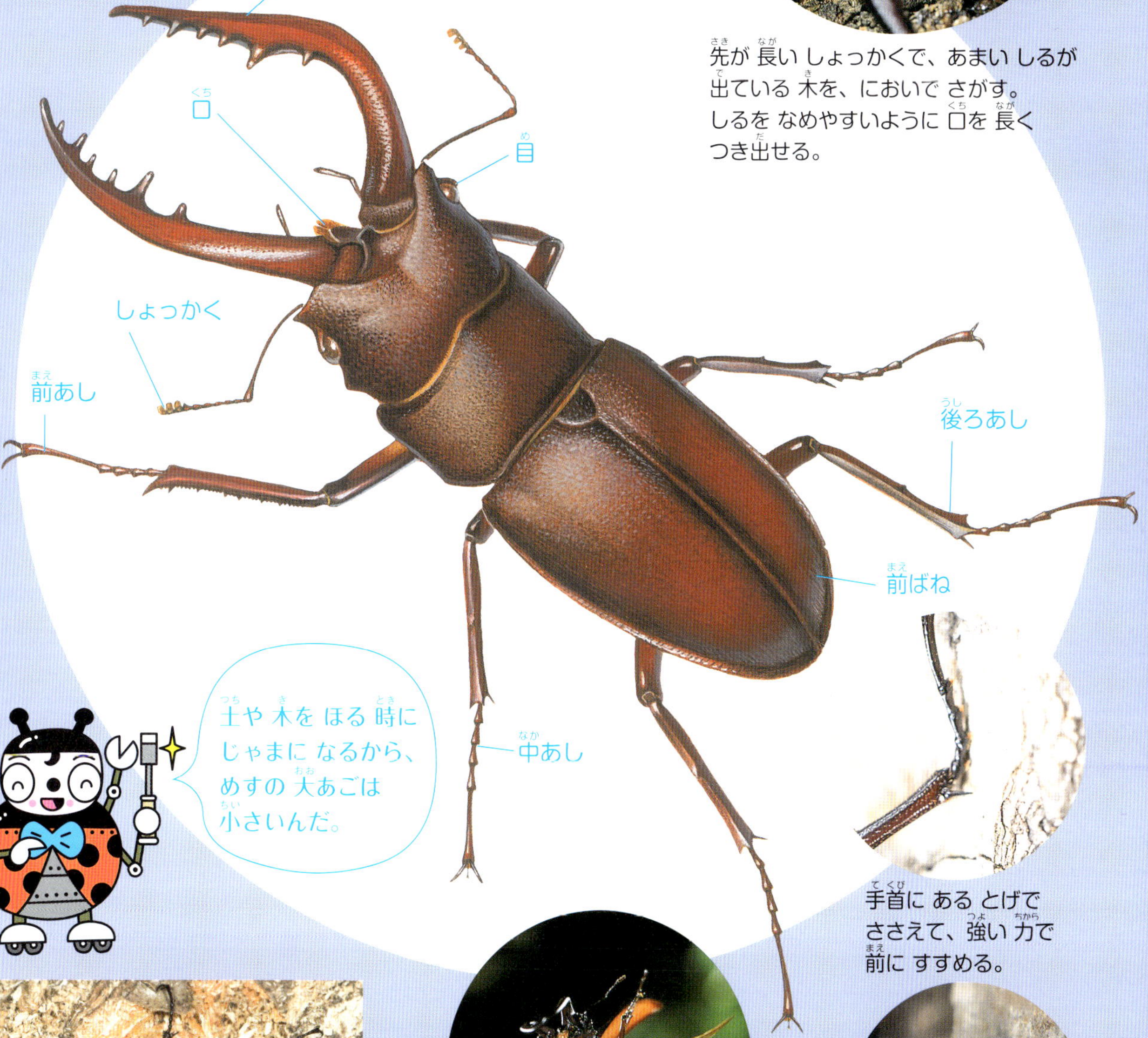

大きい あご（大あご）・口・目・しょっかく・前あし・前ばね・中あし・後ろあし

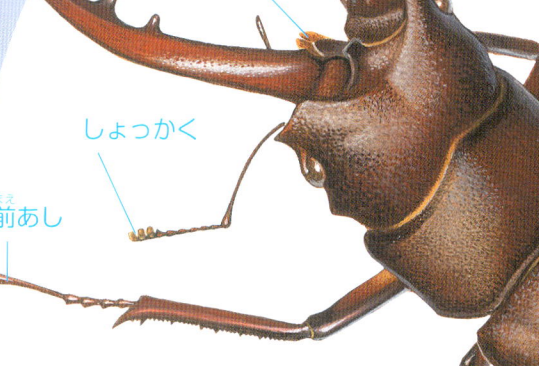

土や 木を ほる 時に じゃまに なるから、めすの 大あごは 小さいんだ。

手首に ある とげで ささえて、強い 力で 前に すすめる。

めすは、大あごで 木や 土を ほって、たまごを うむ。大あごは 小さいけれど、がんじょうだ。

前ばねを 広げ、後ろばねで はばたいて とぶ。

するどい つめを 木に ひっかけて、木に のぼれる。

かぶとむしと くわがたむしは どっちが しゅるいが 多いの？

たむしは

3つの 中から 正しい 答えを えらんでね！

1 かぶとむしの 方が 強い。

2 くわがたむしの 方が 強い。

3 なかよしだから、けんかは しない。

▲かぶとむしの おすと のこぎりくわがたの おす。

← 答えを きめたら、ページを めくってみよう！

せかいには、いろいろな かぶとむしと くわがたむしが いる。どっちが しゅるいが 多いんだろう？

▲せかいの いろいろな かぶとむしと くわがたむし。

右の ページで 答えを きめたら、ページを めくって みよう！

答え 2 どちらも 同じくらい しゅるいが いる。

日本の かぶとむしと くわがたむし

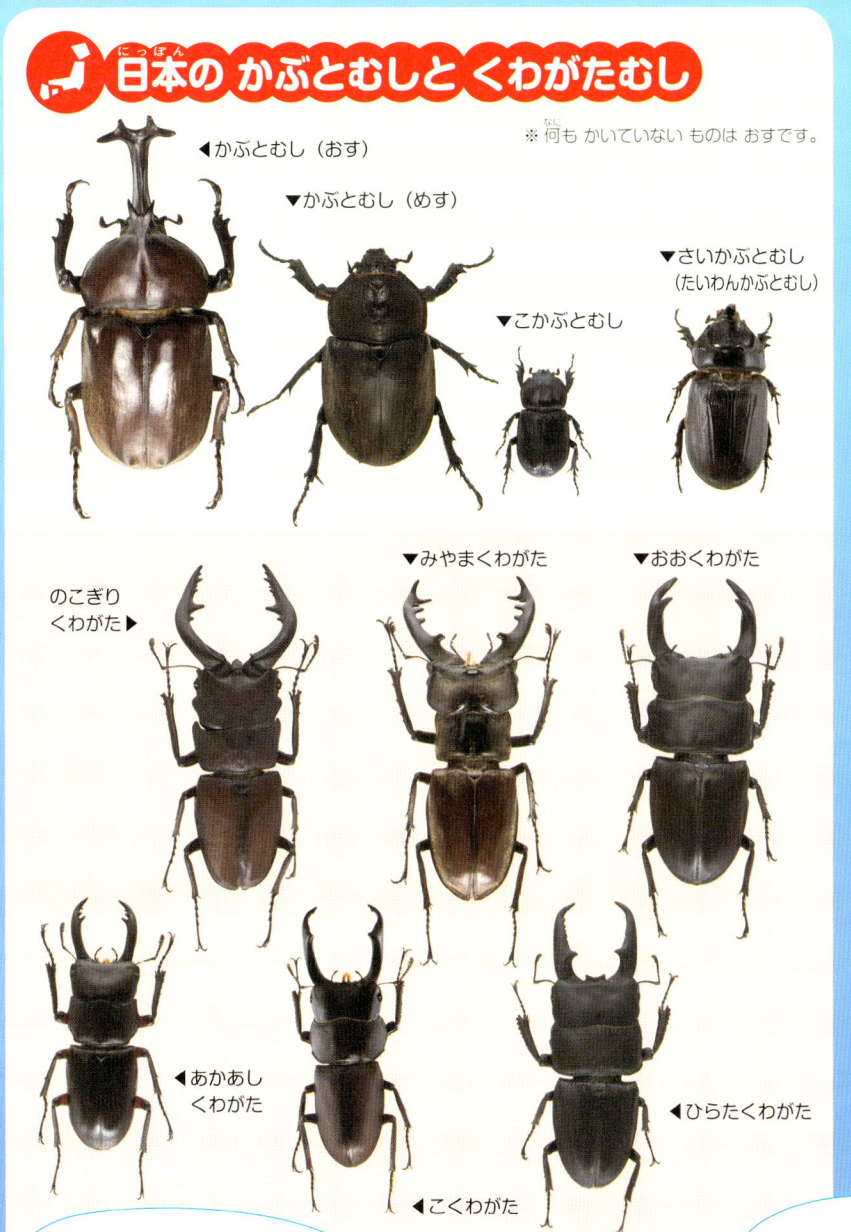

※ 何も かいていない ものは おすです。

せかいの かぶとむし

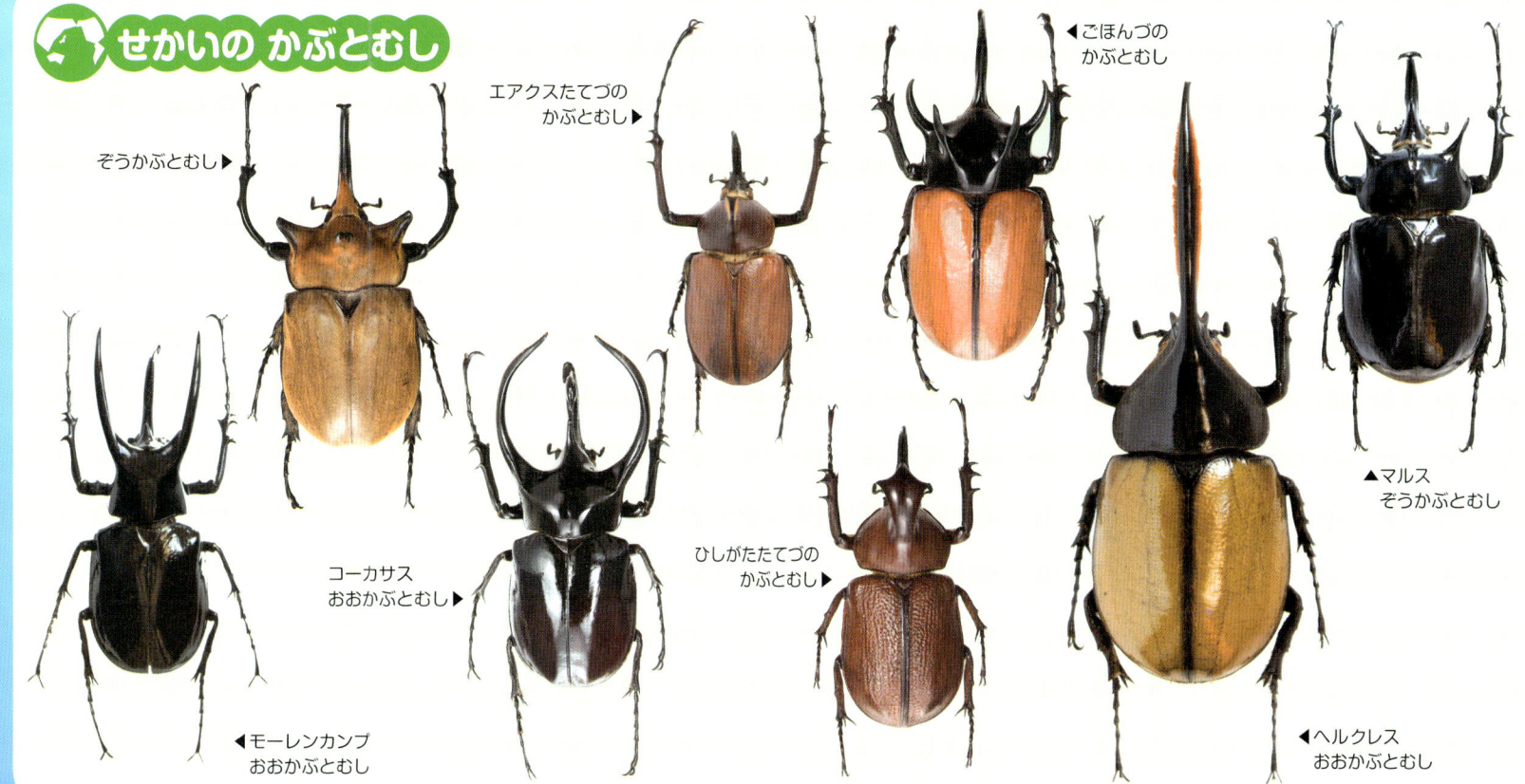

せかいの くわがたむし

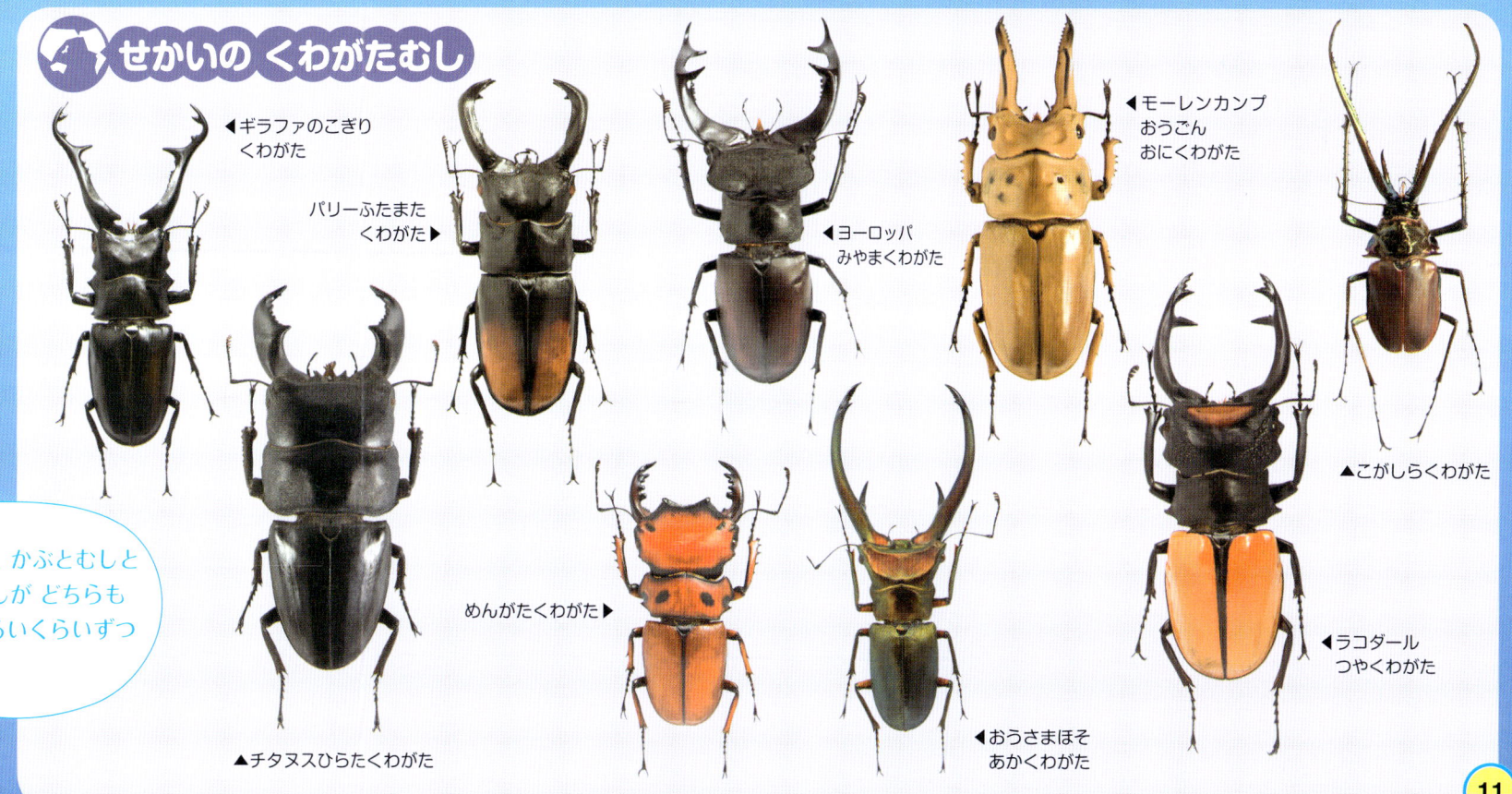

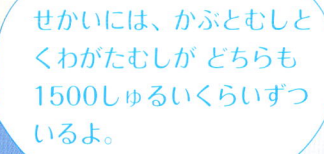

日本には、かぶとむしは 6しゅるいしか いないけれど、くわがたむしは 40しゅるいも いるんじゃよ。

せかいには、かぶとむしと くわがたむしが どちらも 1500しゅるいくらいずつ いるよ。

3つの 中から 正しい 答えを えらんでね！

① かぶとむしの 方が 多い。

② どちらも 同じくらい しゅるいが いる。

③ くわがたむしの 方が 多い。

←答えを きめたら、ページを めくってみよう！

ちょうの はねは どうして きれいなの？

ちょうの はねは、いろいろな 色や もようが あって、とても きれいだね。どうして こんなに はねが きれいなんだろう？

わぁ〜！とっても きれいな ちょうだね。おおむらさきと いう ちょうだよ。

▲ぞうきばやしの 木に きた おおむらさきの おす。

答え2 いろいろな 色の こなが、はねに ついているから。

ちょうの はねには、色が ついた こなが、たくさん ついているよ。
毛のように 細い ものから、花びらのように ひらたい ものまで、いろいろな 形の こなが あるんだ。
この こなが あつまって、はねの 色や もようが できているんだよ。

こなを とった はね

▲こなを とると、ちょうの はねは、すきとおっている。

こなを とると、はねは すきとおっているんだね。

あげはちょうの はねを むしめがねで 見ると、きれいな 色の こなが、たくさん 見えるぞ。

はねの もようと 色の ひみつ

ちょうは、はねの 色や もようで なかまを 見分けている。
同じ なかまで、おすと めすを 見分ける 時も、はねの 色や もようが やくに 立つんだ。

◀紙に かいた ちょう。

▲紙に かいた ちょうにも 近よってくるよ。

おすと めすで、はねの 色や もようが ちがう ちょうも いるよ！

めすあかむらさき

▲**おすの はね**
青と 白の 水玉もようが きれい。

▲**めすの はね**
オレンジ色と 黒、白の もよう。

3つの 中から 正しい 答えを えらんでね！

1. かがみのように、まわりの けしきが うつるから。

2. いろいろな 色の こなが、はねに ついているから。

3. いろいろな 色の 花の みつを すうから。

← 答えを きめたら、ページを めくってみよう！

ぞうきばやしの むしむしめいろ スタート→

夏の ぞうきばやしには、いろいろな 虫が たくさん 見られるよ。
虫たちの クイズに 答えて、じょうずに めいろを とおりぬけよう！

○か ×かを かんがえて、えらんだ 方に すすむんじゃ。

1 おおごまだらは、日本で いちばん 大きい ちょう。

2 かぶとむしは、昼間は 水の 中の すに かくれている。

3 しろすじかみきりは、あしを こすって 音を 出す。

4 かめむしは、くさい においで てきを おいはらう。

はねが ある ありと はねが ない ありは どう ちがうの?

▲はねが ある くろくさありと、はねが ない くろくさあり。

ありには、はねが ある ありと はねが ない ありが いるよ。
どうして はねが ある ありと はねが ない ありが いるんだろう?

ほとんどの しゅるいの ありに、はねが ある ありと はねが ない ありが いるんだよ。

答え 2 はねが ある ありと ない ありは、やくめが ちがう。

1つの しゅるいの ありには、女王ありと おすあり、はたらきありが いるよ。
それぞれ やくめが ちがうんじゃ。
おすありと 女王ありは、空を とびながら けっこんするから、はねが あるぞ。
はたらきありは、すの 中や じめんで はたらくから、はねが ないんじゃよ。

女王ありは、けっこんした あとに、はねが ぬけおちて なくなるぞ。

くろおおありの 体

はたらきあり▼
すの いろいろな しごとを する。

▲女王あり（めすあり）
けっこんして たまごを うむ。

▲おすあり
めすと けっこんする。

はたらきありの しごと

すを 大きく したり、なおす。

すを そうじする。

食べ物を あつめる。

女王ありの せわを する。

たまごや ようちゅうの せわを する。

てきから すを まもる。

ありの すの ひみつ

ありの すには、たくさんの へやが あるよ。すでは、たくさんの ありが くらしている。
すは、ありの しゅるいごとに 形が ちがうんだ。

▶くろながありの すは、ふかさが 4メートルも ある。
▲トンネルを 広げている。

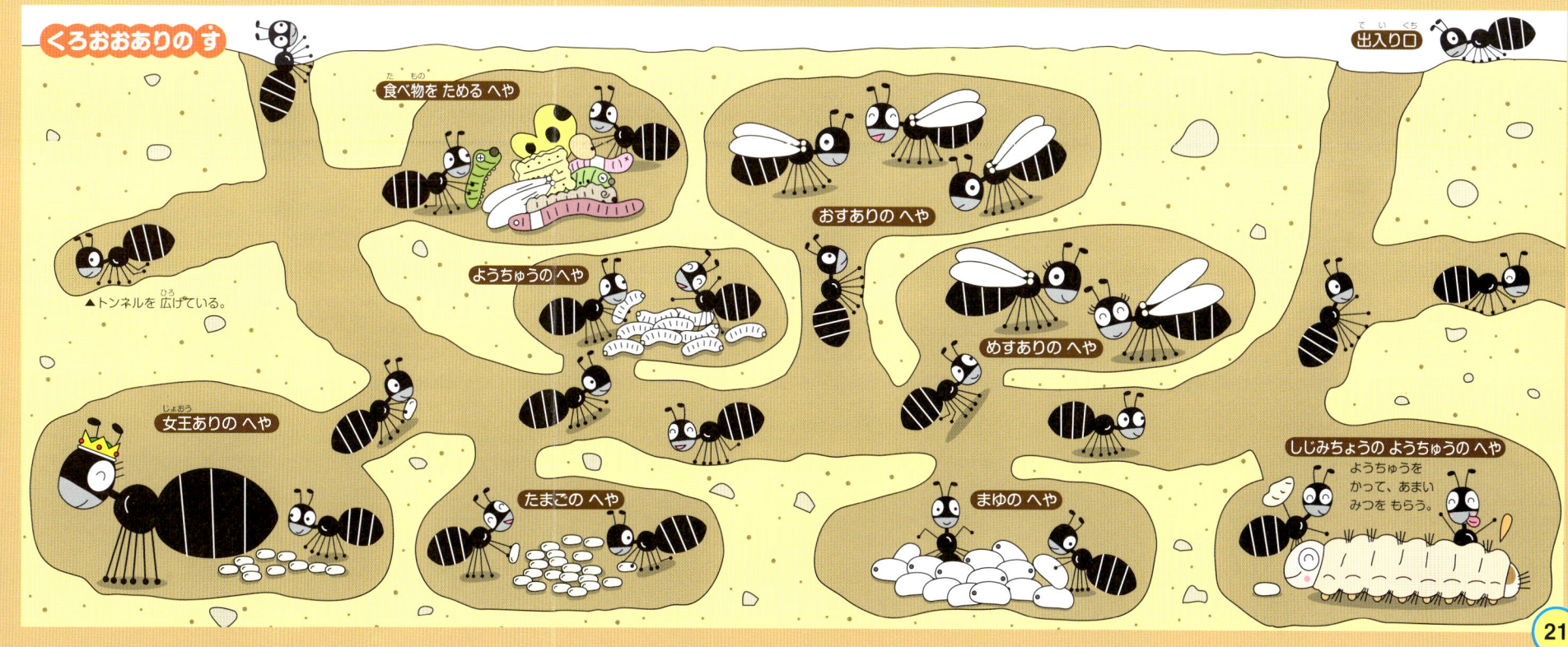

くろおおありの す
出入口
食べ物を ためる へや
おすありの へや
ようちゅうの へや
めすありの へや
女王ありの へや
たまごの へや
まゆの へや
しじみちょうの ようちゅうの へや
ようちゅうを かって、あまい みつを もらう。

3つの 中から 正しい 答えを えらんでね！

① はねが ない ありは、子どもの あり。

② はねが ある ありと ない ありは、やくめが ちがう。

けっこんする やくめ　　はたらく やくめ

③ ふだんは はねを かくしていて、とぶ 時にだけ はねを 出す。

←答えを きめたら、ページを めくってみよう！

みつばちは どうして みつを あつめるの？

みつばちが 花に やってきて みつを あつめているよ。みつを あつめて 何を するのかな？

みつばちは、花に きて みつを あつめて、すに もってかえるんじゃ。

▲花の みつを あつめる せいようみつばち。

すずめばちの すは 何で できているの？

大きな すずめばちの すが あったよ。ふしぎな もようの すずめばちの すは、何で できているのかな？

きいろすずめばちの すだよ。うろこのような もようが あるんだ。

▲きいろすずめばちの 大きな す。

答え 2 はちみつを 作って すに いる なかまの 食べ物に するため。

みつばちは、みつを あつめて すに はこび、はちみつを 作るぞ。
作った はちみつは すの へやに ためて、女王ばちや ようちゅうなどの 食べ物に するんだよ。

はちみつの ほかに、かふんも あつめて 食べ物に するんだ。

▲すの へやに ためられた はちみつ。

みつばちの はちみつ作り

①はこんできた みつを すの なかまに 分ける。

②口から 出し入れして、みつを こくしていく。

③すの へやに ためて、さらに こくする。

④なかまの 食べ物に する。

答え 3 かみくだいた 木で できている。

すずめばちは、木や 木の かわを はがして かみくだき、すの ざいりょうに するぞ。
つばを まぜた ざいりょうを うすく のばして、あしと 口で すを 作るんじゃ。

ざいりょうが かわくと、じょうぶな 紙のように なるんじゃよ。

▲すを 作っている きいろすずめばち。

すずめばちの す作り

①木の えだなどに やねが ついた すを 作って、たまごを うむ。

②生まれた はたらきばちが すを 大きくする。

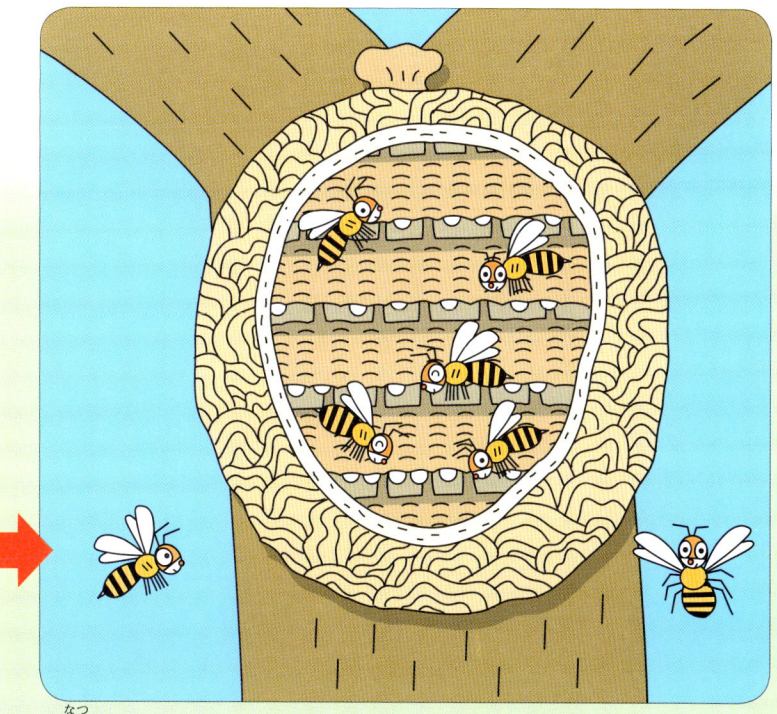
③夏の おわりには、はたらきばちも たくさん ふえて、すが どんどん 大きくなる。

3つの 中から 正しい 答えを えらんでね！

①
① みつを かためて すを 作るため。

② はちみつを 作って すに いる なかまの 食べ物に するため。

③ 水の かわりに のむため。

① 木の はっぱで できている。

② 草と どろで できている。

③ かみくだいた 木で できている。

← 答えを きめたら、ページを めくってみよう！

23

むしむし かくれんぼ クイズ

しゃしんの 中に 絵の 虫が かくれているぞ。だれが かくれているか 当ててごらん。

答えは 右の ページの 下に あるよ。本を さかさに して、見てね。

26

 ほたるは どうして 光るの？

夏の 夕方、川の そばで
ほたるが 光りはじめたよ。
だんだん 光の 数も ふえてきた。
でも、ほたるって、どうして
光るんだろう？

たくさんの ほたるが
光りながら
とんでいるよ。

▲川の 上を 光りながら とぶ げんじぼたる。

答え 2 光を めじるしに、おすと めすが であうため。

げんじぼたるや へいけぼたるは、おしりを 光らせて、けっこんする あいてを よぶんじゃ。
はっぱの 上で 光っている めすを、とんでいる おすが 見つけて、けっこんを するんじゃよ。

> おすと めすは、おしりの 光る ところが 少し ちがうぞ。しゅるいに よって、光り方も ちがうんじゃ。

げんじぼたるの 光る ところ

▲おす　光る ところ　▲めす

▼おす　▼めす

▲げんじぼたるの たまご。けっこんした めすは、みずべの こけや 草に たまごを うむ。

◀めすを 見つけて 近よっていく、げんじぼたるの おす。

ほたるの くらし

げんじぼたると へいけぼたるの ようちゅうは、水の 中で、くらしている。春の おわりに、水から 上がって、みずべの 土の 中で さなぎに なるんだ。

▲おとなの ほたるは、昼間は はっぱの うらで 休んで いるよ。おとなは、2週間くらいしか 生きないんだ。

げんじぼたるの くらし

①夏の はじめに、けっこんして、たまごを うむ。
②夏、たまごから かえって、水の 中で くらしはじめる。
③つぎの 春まで、川の 中で まき貝を 食べて そだつ。
④春の おわりに、水から 上がって、きしの 土に もぐる。
⑤土の 中に へやを 作って、さなぎに なる。
⑥夏の はじめ、おとなに なって、外に 出てくる。けっこんする。

31

3つの 中から 正しい 答えを えらんでね！

① 夜に、えさを さがすため。

② 光を めじるしに、おすと めすが であうため。

③ 光で、てきを おどろかすため。

←答えを きめたら、ページを めくってみよう！

げんごろうは どうして 長く もぐっていられるの？

げんごろうが 水の 中を、すいすいと およいでいるよ。ずっと もぐっているけれど、いきが くるしくないのかな？

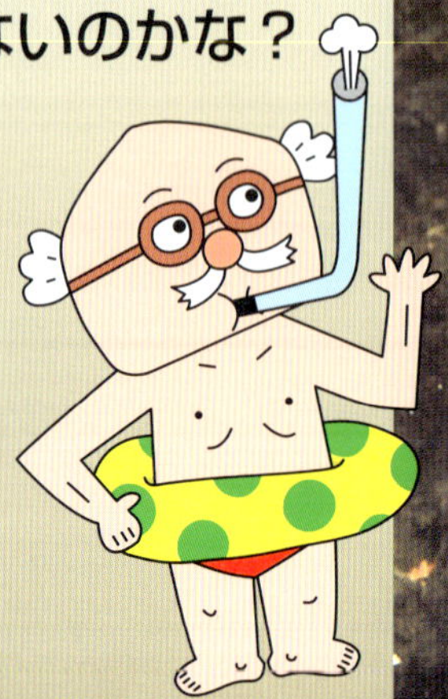

げんごろうは、いきつぎを せずに 何十分も 水に もぐっていられるぞ。

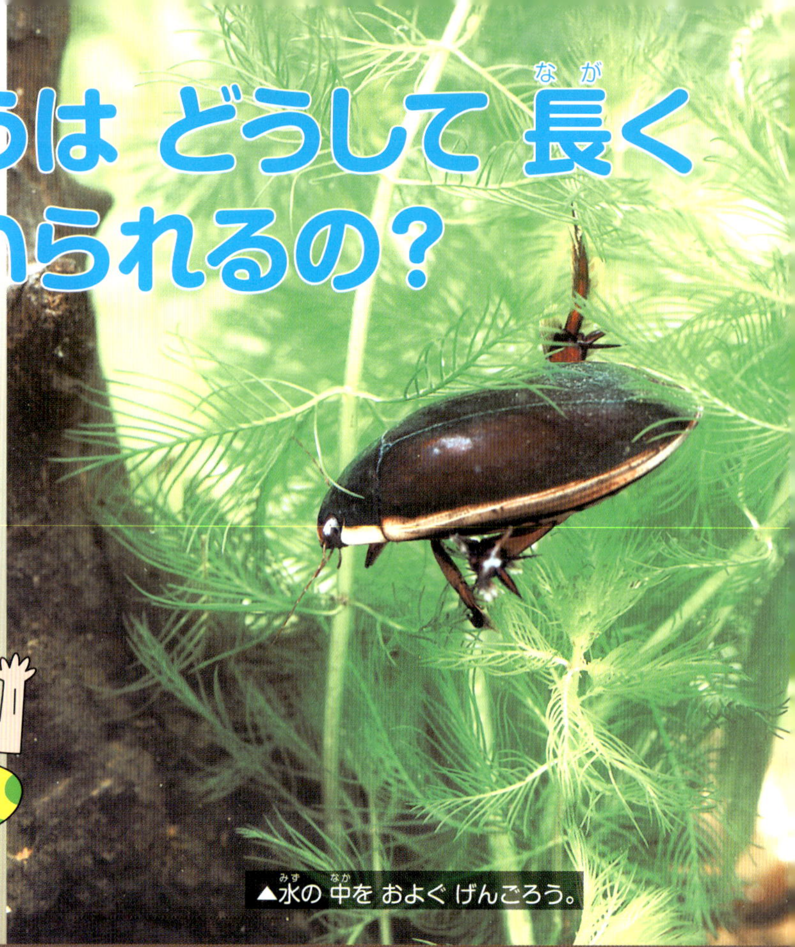

▲水の 中を およぐ げんごろう。

あめんぼは どうして 水の 上を 歩けるの？

あめんぼが、水の 上を、すーっと すべるように 歩いているよ。どうして 水に しずまずに 歩けるんだろう？

あめんぼは、なみが ある 水の 上でも、しずまずに 歩けるよ。

▲水の 上を 歩く あめんぼ。

答え1 はねの 下に 空気を たくさん ためているから。

げんごろうは、はねの 下に 空気を たくさん ためる ことが できるよ。
この 空気を おなかから すっているから、長く 水に もぐっていられるんだ。

たまに、すいめんに 上がってきて、新しい 空気を ためるよ。

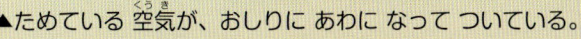
▲ためている 空気が、おしりに あわに なって ついている。

いろいろな 空気の すい方

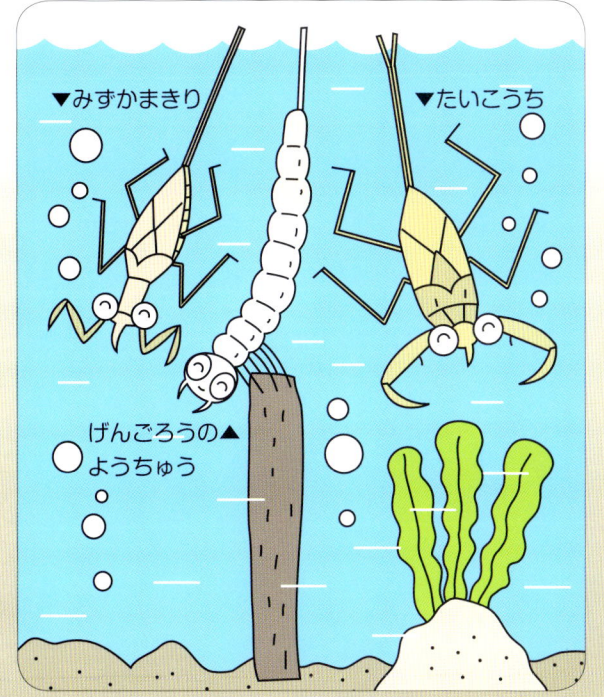

▼みずかまきり　たいこうち
▲げんごろうの ようちゅう

おしりの 先の くだを すいめんに 出して、いきを する。

▲がむし

しょっかくを すいめんに 出して、すった 空気を、あしの つけねに ためる。

かげろうの ようちゅう
▲とんぼの ようちゅう（やご）

おなかの えらで、水の 中の 空気を すう。

答え2 あしが、水に しずまない しくみに なっているから。

あめんぼの あしには、毛が たくさん はえていて、水を はじくように なっているぞ。
毛の 間には、空気も たくさん つまっていて、水に しずまない しくみに なっているんじゃ。

たくさんの 毛が びっしり はえているぞ。

▲あめんぼの あし。

モールで あめんぼを 作ろう

工作に つかう モールで、あめんぼを 作って、水に うかべてみよう。
あめんぼの あしが 水を へこませて ういている ようすが、よく わかる。

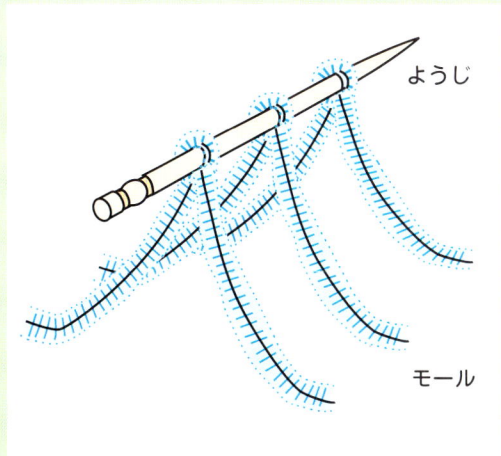
ようじ
モール

※水をはじかないモールもあるので、素材を選んで使いましょう。

▲モールの あめんぼと、ほんものの あめんぼの あしが 水を おしている ようす。

35

3つの中から正しい答えをえらんでね！

① はねの下に空気をたくさんためているから。

② 魚のようにえらがあって、水の中の空気をすえるから。

③ 水草をかじって空気をすっているから。

① おなかから空気を出して、うかんでいるから。

② あしが、水にしずまないしくみになっているから。

③ 見えないほどはやく、あしをうごかしているから。

←答えをきめたら、ページをめくってみよう！

むしむしナンバー

❓ いちばん大きなちょうははねを広げるとどれくらい？
① 20cm くらい。
② 30cm くらい。
③ 50cm くらい。

❓ いちばんおもい虫のたいじゅうはどれくらい？
① 100g くらい。
② 500g くらい。
③ 1kg くらい。

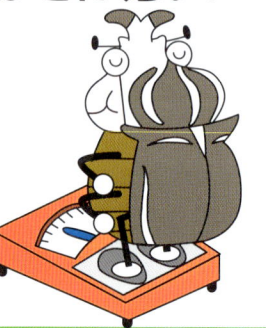

こたえ①
オーストラリアにすむてんぐしろありのすは、高さが5mいじょうもある。

こたえ①
アフリカにすむゴライアスおおつのはなむぐりは、たいじゅうが100gくらいある。

こたえ③
やご（とんぼのようちゅう）は、おしりから水をふきだして、とてもはやくおよげる。

こたえ②
ニューギニアにすむアレクサンドラとりばねあげのめすは、はねを広げたはばが、30cmくらい。

❓ いちばんはやくおよげる虫はだれ？
① げんごろう
② たがめ
③ やご（とんぼのようちゅう）

❓ いちばん大きなすをつくる虫はだれ？
① しろあり
② みつばち
③ すずめばち

ワンクイズ

いろいろな ナンバーワンの 虫の クイズじゃ。いくつ わかるかな？

❓ いちばん 体が 長い 虫の 長さは どれくらい？

❶ 20cm くらい。
❷ 30cm くらい。
❸ 1m くらい。

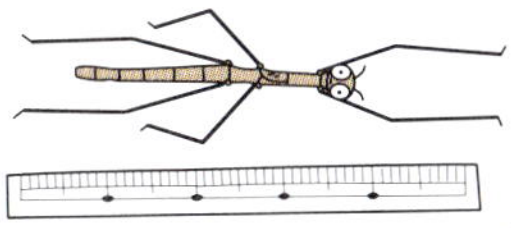

❓ いちばん はやく とべる 虫は だれ？

❶ かぶとむし
❷ はち
❸ とんぼ

こたえ ❸
しろありの 女王は、50年も 生きつづける。

こたえ ❸
とんぼの なかまの おにやんまと、がの なかまの おおすかしばは、じそく40kmの はやさで とべる。

こたえ ❶
北アメリカの おおかばまだらと いう ちょうは、メキシコから カナダまで、3000kmも たびを する。

こたえ ❷
東南アジアに すむ おおななふしは、体の 長さが 30cmくらいで、あしも いれると、57cmも ある。

❓ いちばん 遠くまで たびを する 虫は だれ？

❶ ちょう
❷ はち
❸ とんぼ

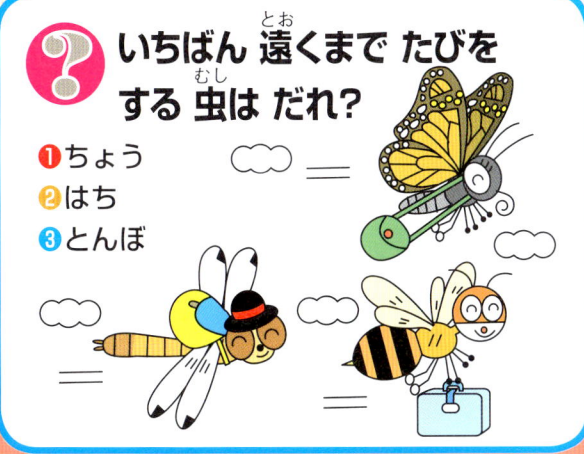

❓ いちばん 長生きを する 虫は だれ？

❶ あり
❷ くわがたむし
❸ しろあり

おとしぶみは どうして はっぱを 丸めるの？

おとしぶみが、木の はっぱを くるくると 丸めているよ。 いったい 何を しているんだろう？

おとしぶみと いう 虫じゃよ。 夏の はじめに 林で 見られるぞ。

▲はっぱを 丸めている おとしぶみ。

なみてんとうは 何を 食べるの？

野原の 草や 花には、あちこちに なみてんとうが きているね。何か 食べに きているのかな？ なみてんとうって、いったい 何を 食べるんだろう。

春に 生まれた なみてんとうだ。 赤い 色が、まだ うすい ものも いるよ。

▲夏の 野原に いる なみてんとう。

答え3 たまごと ようちゅうの ベッドを 作っている。

おとしぶみは、はっぱの 先を まいて たまごを うむと、はっぱを くるくると 丸めていくんじゃ。

たまごから かえった ようちゅうは、この ベッドに くるまって、てきや 雨、風から まもられるぞ。

> ようちゅうは、はっぱの ベッドを 中から 食べて、そだつんじゃ。

▲たまごを うんでいる おとしぶみ。

おとしぶみの そだち方

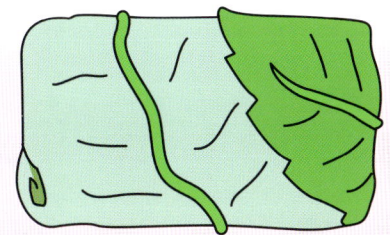
1 できあがった はっぱの ベッド。

2 ベッドの 中の たまご。

3 ようちゅうが 生まれる。

4 はっぱの ベッドを 食べて そだつ。

5 さなぎに なる。

6 おとなに なると、外に 出る。

答え3 草花に いる あぶらむしを 食べる。

なみてんとうは、草花の しるを すう あぶらむしを 食べるんじゃ。1日に 10ぴきいじょうも 食べるぞ。

ななほしてんとうも 同じように あぶらむしを 食べるんじゃよ。

> きばの ような 口で かんで、体の しるを すうんじゃ。

▲草に いる あぶらむしを 食べている なみてんとう。
※ナミテントウには、いろいろな 模様（斑紋）のものがいます。

いろいろな てんとうむしの 食べ物

▲ベダリアてんとうは、イセリヤかいがらむしと いう 虫を 食べる。

> てんとうむしの なかまは、しゅるいに よって、食べる ものが ちがうんじゃ。はっぱを 食べる ものも いるぞ。

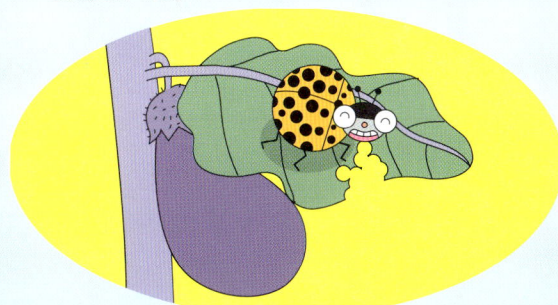
▲にじゅうやほしてんとうや とほしてんとうは、なすや じゃがいもの はっぱを 食べる。

▲きいろてんとうは、やさいや くだものの はっぱに つく かびを 食べる。

3つの 中から 正しい 答えを えらんでね！

1
自分が ねむる ベッドを 作っている。

2
めすに あげる プレゼントを 作っている。

3
たまごと ようちゅうの ベッドを 作っている。

あぶと はちは どこが ちがうの？

花に みつばちと はなあぶが やってきたよ。よく にているね。あぶと はちって、いったい どこが ちがうんだろう？

みつばちも はなあぶも いろいろな 花に やってくるぞ。

▲花に やってきた せいようみつばち（上）と ほそひらたあぶ（下）。

1
草の はっぱを 食べる。

2
花の かふんを 食べる。

3
草花に いる あぶらむしを 食べる。

ありじごくは だれが 作るの？

山で、ありじごくを 見つけたよ。ありが おちると、ぬけだせないんだ。ありじごくって、だれが 作った おとしあなかな？

ありじごくは、がけの 下や、お寺や じんじゃの ろうかの 下などに、よく あるよ。

▲がけの 下に あった ありじごく。

←答えを きめたら、ページを めくってみよう！

答え 2 あぶは はえの なかまで、はちとは ちがう 虫。

あぶは はえの なかまの 虫で、はちの なかまでは ないんだ。

はちには、はねが 4まい 見えるけれど、あぶは 後ろの はねが とても 小さくて、はねが 2まいに 見えるよ。

> あぶと はちでは、口の 形も まったく ちがうんだよ。

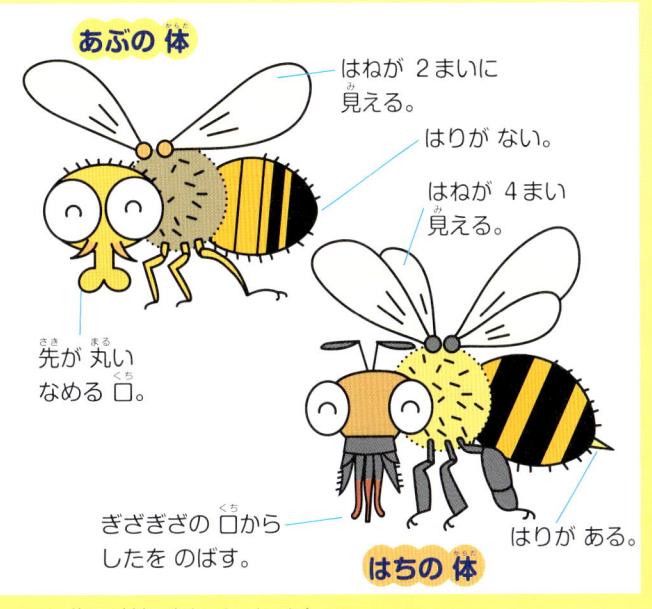

あぶの 体
- はねが 2まいに 見える。
- はりが ない。
- 先が 丸い なめる 口。

はちの 体
- はねが 4まい 見える。
- ぎざぎざの 口から したを のばす。
- はりが ある。

※アブの 仲間は 刺す口を もつものもいます。

はちに ばけている あぶ

はなあぶの なかまは、すがたが はちに とても よく にているね。

はなあぶは、どくばりが ある みつばちなどに すがたを にせて、鳥などの てきに おそわれないように しているんだ。

▲なみはなあぶ。みつばちに すがたが にている。

▲なみほしひらたあぶ。みつばちに すがたが にている。

答え 3 うすばかげろうの ようちゅうが 作った おとしあな。

ありじごくは、うすばかげろうと いう 虫の ようちゅうが 作るんじゃ。

ようちゅうは、おとしあなの そこに いて、ありなどの 虫が おちてくると、つかまえて 食べるんじゃ。

> うすばかげろうの ようちゅうの ことも、ありじごくと よんで いるぞ。

▲ありを つかまえた うすばかげろうの ようちゅう。

うすばかげろうの ようちゅうの かりの しかた

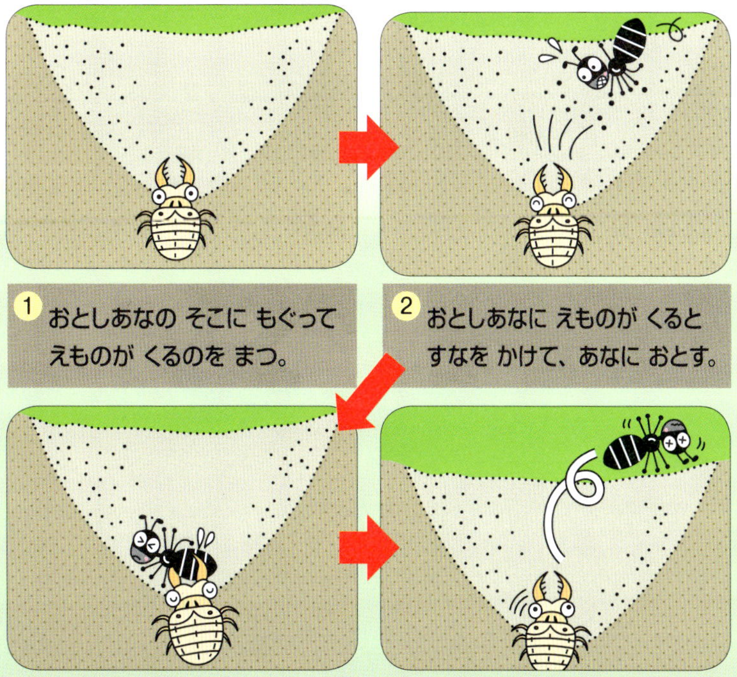

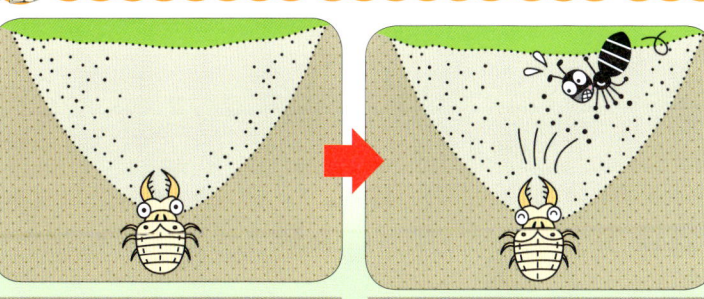

1. おとしあなの そこに もぐって えものが くるのを まつ。
2. おとしあなに えものが くると すなを かけて、あなに おとす。
3. 大きな きばで えものを はさみ、体の しるを すう。
4. 体の しるを すいつくした あとは、おとしあなの 外に ほうりなげる。

▲うすばかげろうの ようちゅう。大きな きばで、えものを はさんで つかまえる。

▲うすばかげろう。夏の 夜に、明かりに さそわれて 家の 中に とんでくる ことも ある。

3つの 中から 正しい 答えを えらんでね！

むしむし 親子さがし クイズ

1 名前が ちがうだけで、同じ なかまの 虫。

2 あぶは はえの なかまで、はちとは ちがう 虫。

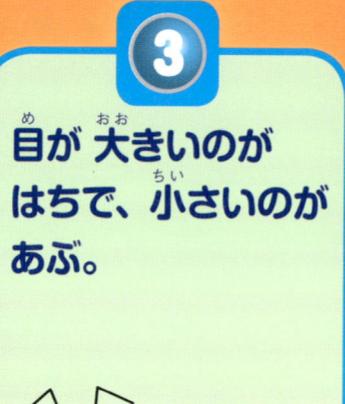

3 目が 大きいのが はちで、小さいのが あぶ。

1 ありを 食べる ありが 作った おとしあな。

2 みみずが 作った おとしあな。

3 うすばかげろうの ようちゅうが 作った おとしあな。

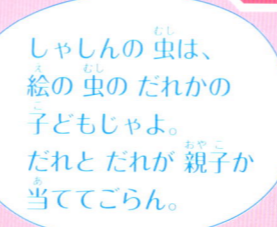

しゃしんの 虫は、絵の 虫の だれかの 子どもじゃ。だれと だれが 親子か 当ててごらん。

答えは 右の ページの 下に あるよ。本を さかさにして、見てね。

←答えを きめたら、ページを めくってみよう！

? せみは どうして 大きな 声で 鳴くの?

たくさんの あぶらぜみが 声を そろえて、ジージーと 鳴いているよ。せみたちは、どうして 大きな 声で 鳴くんだろう?

1ぴきが 鳴きだすと、まわりの せみも 鳴きだして、数が ふえていくんだ。

▲木に とまって 鳴いている あぶらぜみ。

答え① けっこんする あいての めすを よんでいる。

せみは ふつう、おすしか 鳴かないぞ。
ふだん 聞いている 鳴き声は、めすを よびよせるための ものなんじゃ。
なかまの おすを あつめて、みんなで 大きな 声で 鳴くと、遠くに いる めすにも 声が とどくんじゃよ。

> めすに けっこんを もうしこむ 時や、ほかの おすの じゃまを する 時は、ちがう 鳴き方で、鳴くぞ。

① たくさんの おすが 鳴いて、めすを よびよせる。
② めすが 近くに やってきて 木に とまる。
③ おすが めすに 近づいて、けっこんを もうしこむ。 
④ めすが いやがらなければ、けっこんを する。 

せみの 鳴くしくみ

せみの おすは、体の 中に ある まく(はつおんまく)を ふるわせて、鳴くんだ。
おなかに ある べんで 音の 高さを ちょうせつするよ。べんの 形は おすと めすで ちがう。

▲あぶらぜみの おす。

▲あぶらぜみの めす。

この ぶぶんの 形が ちがう。

▼あぶらぜみの おすの おなかを わぎりに した ところ。

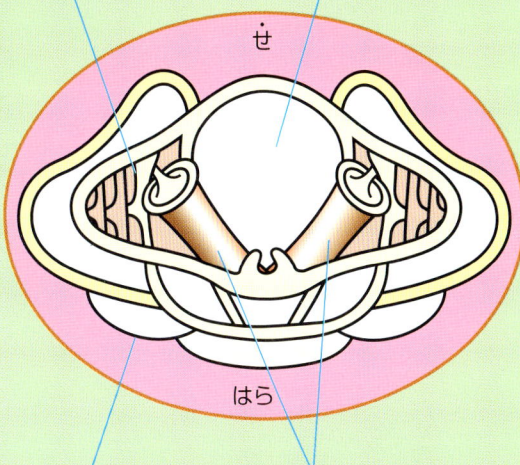

このまくが ふるえて、音が 鳴る。
このすきまで、まくのふるえた 音がひびいて 大きな 鳴き声に なる。

べん ここから 鳴き声が 外に 出る。
きんにく ふくべんの 下にある まくを ふるわせる。

せみの 鳴き声の ひみつ

せみは、しゅるいに よって、鳴き声が ちがうよ。
鳴く 時間も、しゅるいごとに だいたい きまって いるんだ。

せみの よく 鳴く 時間

朝 5時 6時 7時 8時 9時 10時 11時 12時 1時 2時 3時 4時 5時 6時 夜
昼

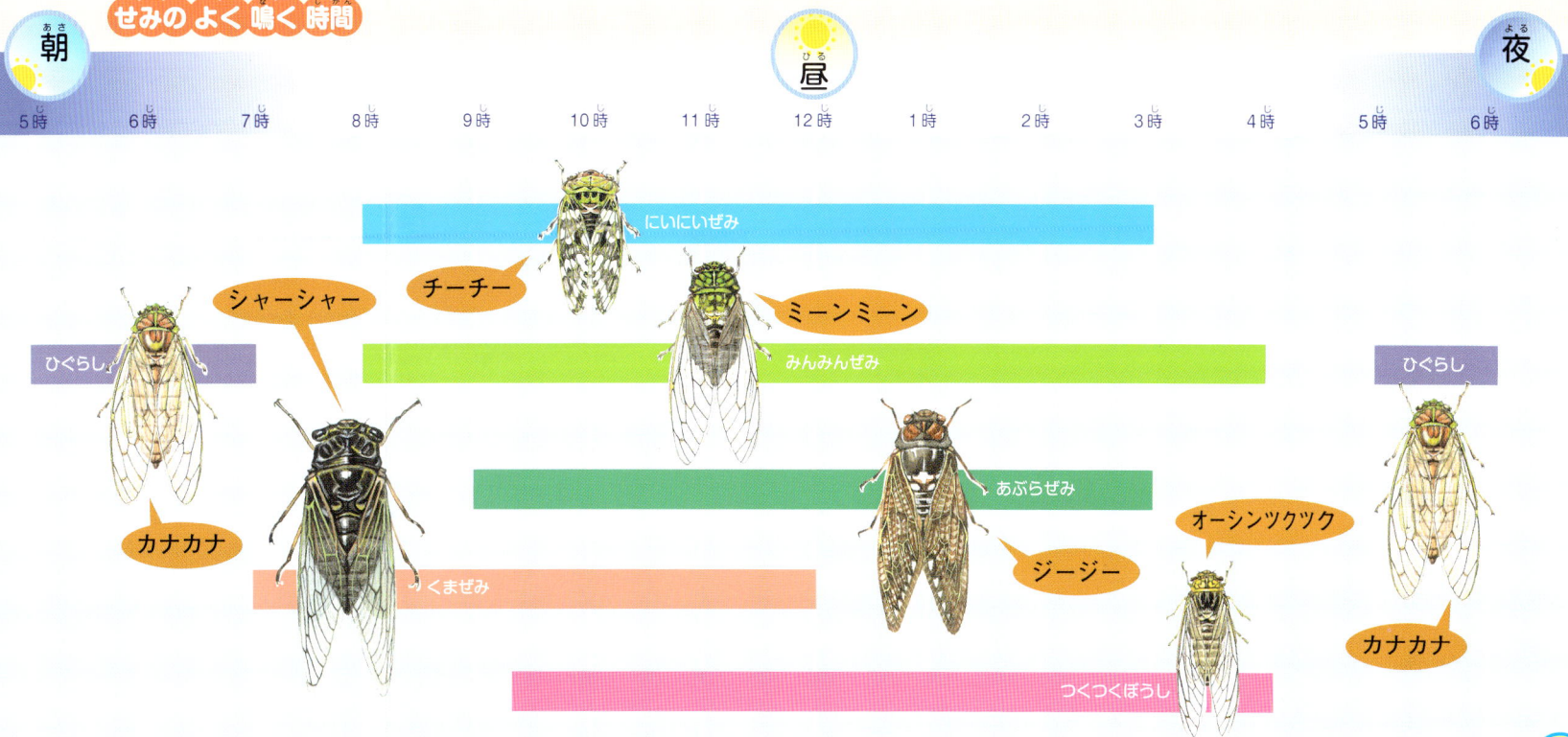

にいにいぜみ — シャーシャー / チーチー
みんみんぜみ — ミーンミーン
ひぐらし — カナカナ
くまぜみ
あぶらぜみ — ジージー
つくつくぼうし
オーシンツクツク
ひぐらし — カナカナ

3つの 中から 正しい 答えを えらんでね！

1 けっこんする あいての めすを よんでいる。

2 鳥に おそわれないように している。

3 木の しるを すう 時に、音が 出る。

←答えを きめたら、ページを めくってみよう！

とんぼの 目は どうして 大きいの？

とんぼが 木に とまっている。顔を 見ると、目が とっても 大きいよ。
どうして こんなに 目が 大きいんだろう？

どの とんぼも、顔に くらべると、目が とても 大きいんじゃ。

▲木に とまって 休む おにやんま。

あかとんぼは どうして 秋に たくさん いるの？

秋に なると、あかとんぼが たくさん とぶように なるね。
でも、夏には あかとんぼは あまり とんでいない。
どうして 夏には いないんだろう？

いちばん よく 見る あかとんぼは、あきあかねと いう しゅるいだよ。

▲あきあかねの むれ。

答え3 とんでいる 虫を 見つけて、つかまえるため。

とんぼの 目は、小さな 目が 1万こいじょう あつまった もので、とても よく 見えるよ。

大きな 目で とんでいる 虫を 見つけて、つかまえて 食べる ことが できるんだ。

> とんぼは、虫の 中で いちばん 目が いいんだ。

▲つかまえた はちを 食べる おにやんま。

とんぼの あしは、虫とり用の かご

とびながら 虫を つかまえるために とんぼの あしは、べんりな しくみに なっている。

とんぼの あしは、前むきに まがって、かごのように なって、虫を つかまえて にがさないように なっているんだ。

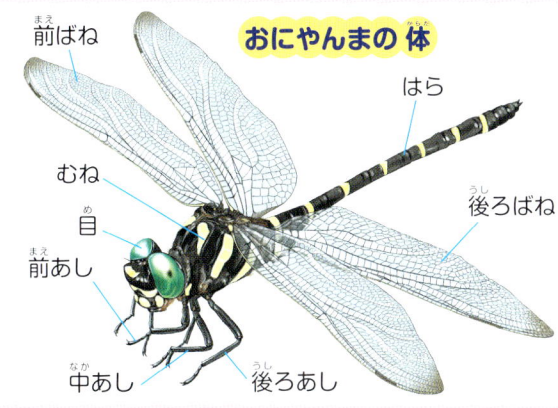
おにやんまの 体
前ばね／はら／むね／目／前あし／中あし／後ろあし／後ろばね

とんでいる 時は、あしを たたんで 体に つけている。

虫を つかまえる 時は、あしを かごのように して、つかまえる。

答え2 夏は 山の 上に いて、秋に おりてくるから。

あかとんぼ（あきあかね）は、6月ごろに やごから おとなに なる。

でも、あつい 夏が にがてなので、すずしい 山の 上で 夏を すごし、秋に なると むれに なって、山から おりてくるぞ。

> 夏の 間に そだって、秋に なると、オレンジ色だった 体が 赤くなるんじゃ。

▲山の 上で 夏を すごす あきあかね。まだ、体が 赤く ない。

あきあかねの くらし

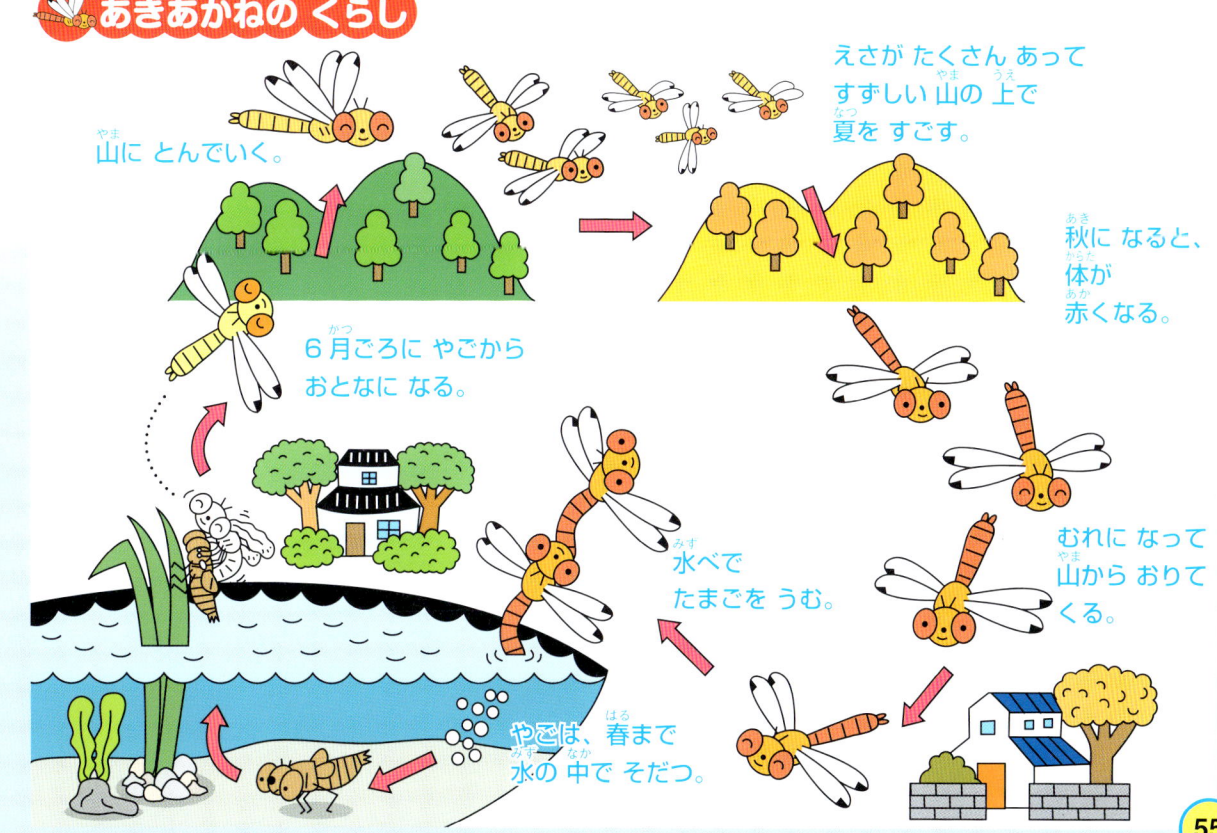

55

3つの 中から 正しい 答えを えらんでね！

1
目が サングラスの やくめを しているから。

2
目のように 見える ヘルメットを かぶっている。

3
とんでいる 虫を 見つけて、つかまえるため。

1
秋に やごから おとなに なるから。

2
夏は 山の 上に いて、秋に おりてくるから。

3
夏は 海べで すごして 秋に もどってくるから。

← 答えを きめたら、ページを めくってみよう！

おんぶばったは どうして おんぶを しているの？

草原に、おんぶばったが いたよ。大きな ばったが、小さな ばったを おんぶしているね。どうして、おんぶばったは、おんぶを しているんだろう？

夏から 秋の はじめまで、おんぶを している おんぶばったの すがたが よく 見られるよ。

▲おんぶしている おんぶばった。

答え2 おすが けっこんあいての めすに のって、つかまえている。

おんぶばったは、おんぶを している すがたが よく 見られる ばったじゃよ。

おんぶを している 大きい ばったが めすで、上に のっている 小さい ばったが おすなんじゃ。

おすは、けっこんの 前や あとにも せなかに のって、めすを ほかの おすから まもろうと しているようじゃよ。

> おんぶばったは、おすより めすが ずっと 大きいから おんぶを していると、親子のように 見えるぞ。

いろいろな ばったの おんぶ

ばったの なかまは みんな、けっこんする 時には、おんぶばったと 同じように、おすが めすの せなかに のる。

でも、けっこんすると すぐ、せなかから おりてしまう。おんぶばったのように、何日も おんぶを しつづける ことは ないんだ。

▲おんぶを する しょうりょうばった。

▲おんぶを する とのさまばった。

▲おんぶを する みかどふきばった。

おんぶばったの くらし

▲たまごを うむ おんぶばったの めす。けっこんした めすは、土の 中に あわに つつまれた たまごの かたまりを うむ。

夏に ようちゅうから おとなに なる。

たまごの まま、冬を こす。

草を 食べて そだっていく。

春、生まれて 土から 出てくる。

3つの 中から 正しい 答えを えらんでね！

1 お母さんの ばったが、子どもを まもっている。

2 おすが けっこんあいての めすに のって、つかまえている。

3 体が 大きい ばったが、小さい なかまを たすけている。

←答えを きめたら、ページを めくってみよう！

かまきりの 目は どうして 色が かわるの？

かまきりの 目は、昼に 見ると みどり色なのに、夜は 黒いよ。どうして、昼と 夜で 目の 色が かわるんだろう？

上が 夜の かまきりの 目で、下が 昼の かまきりの 目じゃよ。

▲夜の おおかまきりの 目。

▲昼の おおかまきりの 目。

だんごむしは どうして 丸くなるの？

だんごむしが 体を 丸めて いるよ。だれかが つついたのかな。どうして、つついたりすると、丸くなるのかな？

だんごむしは、ねむる 時も 丸くなって ねむるんだよ。

▲丸くなった だんごむし。

答え 1 昼でも 夜でも、えものを 見やすくするため。

かまきりの 目には ひとみが あって、ひとみの 大きさを かえて、ものを 見やすくしているんだ。

昼は ひとみが ちぢんで、目が みどり色に 見え、夜は ひとみが ひらいて 目が 黒く 見えるんだ。

人間の 目も、明るさに よって、ひとみの 大きさが かわるんだよ。

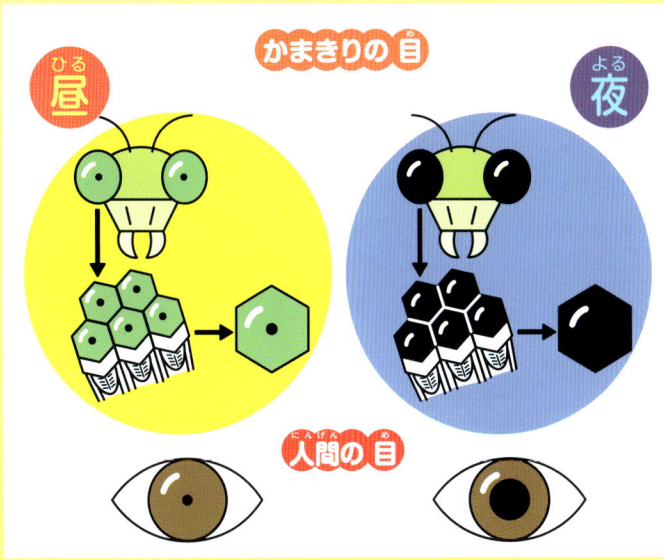

かまきりの えものの つかまえ方

かまきりは、えものを じっと まちぶせて、かまのような 前あしで、つかまえるんだ。

その うごきは とても はやくて、人間の 目には 見えないよ。

えものが 近づくまで、うごかずに じっと している。

すばやく 前あしを のばして、えものを つかまえる。

答え 3 やわらかい おなかを まもっている。

だんごむしは せなかの からは かたいけれど、おなかがわの からは、やわらかいんじゃ。

おそわれたり びっくりした 時は、おなかを うちがわに して 体を 丸め、おなかを こうげきされないように しているぞ。

ありなどの てきから みを まもるために 丸くなるんじゃ。

▲だんごむしの せなか。　▲だんごむしの おなか。

だんごむしの 丸まり方

どの ほうこうから 見ても、かたい からに まもられていて、おなかは 見えない。

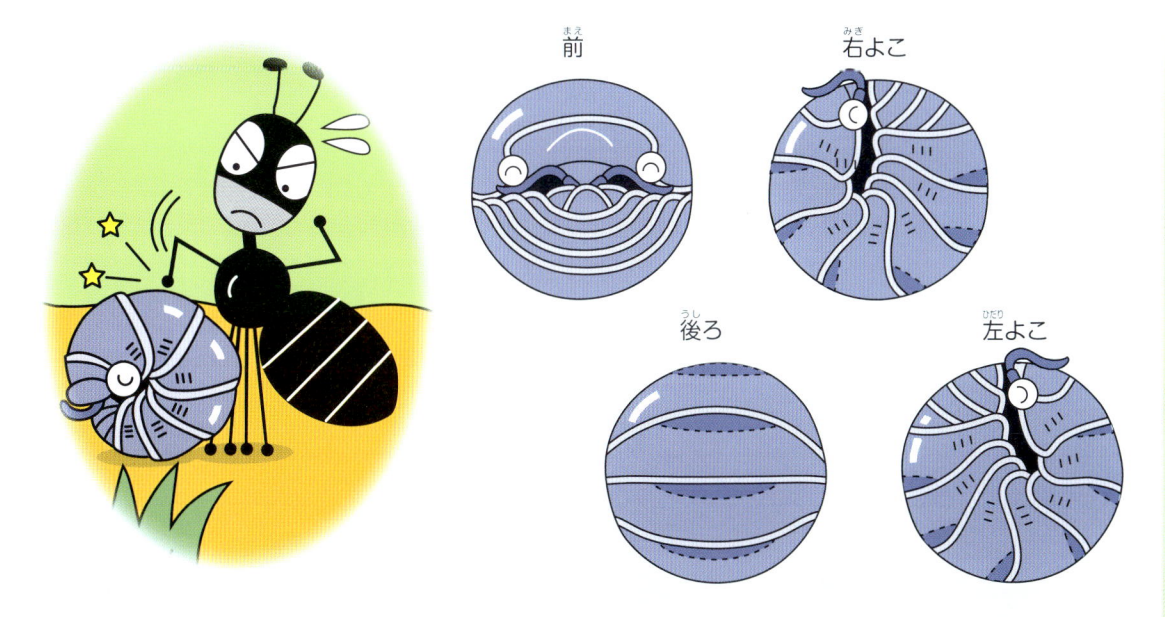

※ダンゴムシは昆虫ではありませんが、ここでは子どもに身近な虫としてとりあげました。

3つの 中から 正しい 答えを えらんでね！

1
昼でも 夜でも、えものを 見やすく するため。

2
夜は、まぶたを とじているから、黒く 見える。

3
夜、おなかが すくと、目が 黒くなる。

1
ころがって、てきから にげるため。

2
丸くなって、石に ばけている。

3
やわらかい おなかを まもっている。
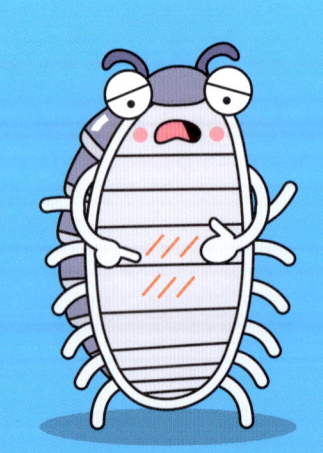

←答えを きめたら、ページを めくってみよう！

なつの むしむしクイズ50+1 さくいん

あ・い
- あかあしくわがた 10
- あかとんぼ .... 52～55
- あきあかね
- .... 26～27, 52, 54～55
- あげはちょう .... 14～15
- あぶ .... 42～45
- あぶらぜみ 48, 51
- あめんぼ .... 32～35
- あり .... 18～21, 27, 44～45
- ありじごく .... 42～45
- アレクサンドラとりばねあげは .. 36
- イセリヤかいがらむし 41

う・え・お
- うすばかげろう .... 43～45
- うらぎんしじみ 47
- エアクスたてづのかぶとむし .. 11
- おうさまほそあかくわがた 11
- おおかばまだら 37
- おおかまきり .. 26～27, 46～47, 60
- おおくわがた 10, 17
- おおごまだら .... 16～17
- おおすかしば 37
- おおななふし 37
- おおむらさき 12
- おとしぶみ .... 38～41
- おにやんま ...... 37, 52, 54～55
- おんぶばった .... 56, 58～59

か・き
- かげろう 35
- かぶとむし
- .... 2～6, 8～11, 16～17, 47
- かまきり
- ...... 26～27, 46～47, 60～63
- がむし 35
- かめむし .... 16～17
- きあげは .... 46～47
- きいろすずめばち 22, 24
- きいろてんとう 41
- ギラファのこぎりくわがた 10
- きりぎりす 27
- ぎんやんま 47

く・け
- くまぜみ .... 50～51
- くろおおあり .... 20～21, 27
- くろくさあり 18
- くろながあり 20
- くわがたむし ..... 3～5, 7～11
- げんごろう .... 32～35
- げんじぼたる ...... 28, 30～31

こ
- コーカサスおおかぶとむし 11
- こがしらくわがた 11
- こかぶとむし 10
- こくわがた 10
- ごほんづのかぶとむし 11
- ごまだらちょう 27
- ゴライアスおおつのはなむぐり .. 36

さ・し・す
- さいかぶとむし 10
- しょうりょうばった 58
- しろあり .... 36～37
- しろすじかみきり ...... 16～17, 27
- すずめばち ...... 17, 22～25, 36

せ・そ
- せいようみつばち 22, 42
- せみ .... 48～51
- ぞうかぶとむし .... 10～11

た・ち
- たいこうち 35, 47
- たいわんかぶとむし 10
- だんごむし ..... 26～27, 60～63
- チタヌスひらたくわがた .. 10～11
- ちょう .. 12～17, 27, 36～37, 47

つ・て・と
- つくつくぼうし 51
- てんぐしろあり 36
- てんとうむし .... 38～41, 47
- とのさまばった .... 46～47, 58
- とんぼ
- 26～27, 35～37, 47, 52～55

な
- ななふし 27, 37

###
- ななほしてんとう 47
- なみてんとう .... 38～40
- なみはなあぶ 45
- なみほしひらたあぶ 45

に・の
- にいにいぜみ .... 50～51
- にじゅうやほしてんとう 41
- のこぎりくわがた ..... 3～5, 7, 10

は
- はち ...... 17, 22～25, 42～45
- ばった .... 46～47, 56～59
- パリーふたまたくわがた 11
- はんみょう 17

ひ
- ひぐらし .... 50～51
- ひしがたたてづのかぶとむし .. 11
- ひらたくわがた 10

へ・ほ
- ベダリアてんとう 41
- ヘルクレスおおかぶとむし 11
- ほそひらたあぶ 42
- ほたる .... 28～31

ま・み
- まいまいかぶり 17
- マルスぞうかぶとむし 11
- みずかまきり 35
- みつばち .... 22～25, 42
- みかどふきばった .... 58～59
- みやまくわがた 10
- みんみんぜみ .... 50～51

め・も
- めすあかむらさき 15
- めんがたくわがた 11
- モーレンカンプおうごんおにくわがた .. 11
- モーレンカンプおおかぶとむし .. 10

や・よ・ら
- やご .... 35～36, 47
- ヨーロッパみやまくわがた 11
- ラコダールつやくわがた 11

●監修
須田孫七（東京大学総合研究博物館）

●イラストレーション
吉見礼司

●資料画
小堀文彦・中西章・山崎錬三

●写真
片野隆司・ネイチャープロダクション

●校閲
伊地知英信

●装幀・AD・レイアウト
石倉昌樹・田中好子・谷村あかね・矢野真友子

●構成・文
企画室トリトン・大木邦彦

なつのむしむしクイズ 50＋1（プラス）

発　行／2009年5月　第1刷
発行人／浅香俊二
発行所／株式会社チャイルド本社
　　　　〒112-8512　東京都文京区小石川 5-24-21
電　話／営業 03-3813-2141　編集 03-3813-3785
振　替／00100-4-38410
印刷・製本所／図書印刷株式会社

©CHILDHONSHA, 2009　Printed in Japan
＊乱丁・落丁本はおとりかえいたします。

NDC486　27×21　64P　ISBN978-4-8054-3305-8
チャイルドブック・ホームページ　http://www.childbook.co.jp/